重金属污染防治可行技术
案例汇编

环境保护部科技标准司　编

中国环境出版社·北京

图书在版编目（CIP）数据

重金属污染防治可行技术案例汇编 / 环境保护部科
技标准司编 . -- 北京 ：中国环境出版社，2015.5
（环境保护污染防治技术案例汇编）
ISBN 978-7-5111-2352-7

Ⅰ．①重… Ⅱ．①环… Ⅲ．①重金属污染－污染防治
－案例－汇编－中国 Ⅳ．① X5

中国版本图书馆 CIP 数据核字（2015）第 074096 号

出 版 人	王新程
责任编辑	丁莞歆
责任校对	尹 芳
装帧设计	岳 帅

出版发行 中国环境出版社

（100062　北京市东城区广渠门内大街16号）

网　　址：http://www.cesp.com.cn

电子邮箱：bjgl@cesp.com.cn

联系电话：010-67112765（编辑管理部）
　　　　　010-67175507（科技标准图书出版中心）

发行热线：010-67125803，010-67113405（传真）

印　　刷	北京中科印刷有限公司
经　　销	各地新华书店
版　　次	2015年7月第1版
印　　次	2015年7月第1次印刷
开　　本	787×1092　1/16
印　　张	4.5
字　　数	95千字
定　　价	18.00元

编写委员会

主　　编：熊跃辉

副主编：胥树凡　王泽林　冯　波

编　　委：燕中凯　吕　奔　刘　媛　闫　骏　田　刚　王　凡

　　　　　许丹宇　蒋进元　司传海　张　纯　刘　宇　张　凡

　　　　　井　鹏　尚光旭　彭　溶　何连生　李一葳　李　磊

　　　　　刘　婷　王宏亮　白庆中　王家廉　陶遵华　宗子就

　　　　　杨晓松　靳建永　杨　凯　谷庆宝　姜　萍　王文君

　　　　　郭可昕　党秋玲　杨天学

前 言

  为加快环保先进技术示范和推广、引导我国环境保护技术和产业发展，环境保护部自2006年起每年组织编制并发布《国家先进污染防治示范技术名录》和《国家鼓励发展的环境保护技术目录》。为配合重金属污染防治工作，2010年环境保护部先行开展了重金属领域污染防治技术的筛选工作，形成了2010年度《国家先进污染防治示范技术名录（重金属污染防治技术领域）》（以下简称《示范名录》）和《国家鼓励发展的环境保护技术目录（重金属污染防治技术领域）》（以下简称《鼓励目录》）。国家鼓励对《示范名录》中的新技术、新工艺进行工程示范，对《鼓励目录》中的污染防治技术进行推广。

  为了更好地发挥《示范名录》和《鼓励目录》的引导作用，中国环境保护产业协会和中国环境科学研究院共同承担了国家环境技术管理项目《重金属污染防治可行技术案例汇编》（项目统一编号2011—27）。项目组在环境保护部科技标准司的支持和指导下，依托重金属污染防治技术领域的《示范名录》和《鼓励目录》，广泛征集了重金属污染防治方面的技术案例。截至2013年12月，共征集到重金属污染防治案例43项，范围涵盖重金属烟尘治理、重金属废水治理、水质重金属在线监测和资源综合利用等类别。按照案例评价和筛选的工作程序要求，我们特别邀请了相关行业内的专家对案例的技术性能、工程状况、环境效益、经济指标和推广前景等方面进行了三轮综合评价，对于专家提出的有异议或者存疑的案例进行了实地查验。最终，经筛选和案例提供单位同意信息公开确认后，共有13项重金属污染防治案例编入本书。

本书共收集和筛选了 13 项含重金属的烟气和废水的治理、监测以及综合利用的技术案例，简要介绍了案例的工程情况、工艺流程与参数、运行维护情况以及工程适用范围，并邀请专家进行了简要的点评。

本书是在各个单位报送材料的基础上经审核、编撰完成的，但未对所有技术案例的经济指标、性能指标和实际运行情况进行实验核实。

在本书出版之际，我们对提交案例的相关单位和人员的参与表示衷心的感谢！对百忙之中参与案例评审的专家和给予此项工作支持的单位表示衷心的感谢。

编者

2015 年 5 月

目 录

1 铜冶炼烟尘治理及有价金属回收示范项目

1.1 工程概况

1.1.1 工程名称

铜冶炼烟尘治理及有价金属回收示范项目。

1.1.2 工程地址

云南省玉溪市易门县龙泉镇易门铜业有限公司。

1.1.3 工程业主

云南亚太矿冶环保产业有限公司。

1.1.4 工程设计方

云南亚太环境工程设计研究有限公司。

1.1.5 工程施工方

中国有色金属工业第十四冶金建设公司。

1.1.6 工程运行方

云南亚太矿冶环保产业有限公司。

1.1.7 工程规模和投资

年处理冶炼烟尘 10 000t，总投资 1 691.10 万元。

1.1.8 运行时间

2008 年 5 月通过了由云南省玉溪市环保局组织的验收。2010 年 7 月全部投入运行，运行稳定。

1.1.9 服务范围

易门铜业有限公司铜冶炼烟尘治理。

1.1.10 设计标准及排放标准

《环境空气质量标准》（GB 3095—1996）二级标准；

《地面水环境质量标准》（GB 3883—2002）Ⅲ类标准；

《工业企业厂界噪声标准》（GB 12348—1990）三类标准；

《工业企业噪声控制设计规范》（GBJ 87—1985）；

《大气污染物综合排放标准》（GB 16297—1996）二级标准。

1.1.11　工程运行成本

按处理铜冶炼烟尘 10 000t/a 计算，运行成本为 4 217.60 万元 /a，其中水费 30 万元、电费 206.25 万元、药剂费 150 万元、蒸汽费 30 万元、原材料费 3 419.75 万元、其他费用 381.6 万元。

1.2　工艺流程

1.2.1　技术原理

利用液体二氧化硫脱除冶炼烟尘中的砷，砷以三氧化二砷的形式回收，无二次污染，脱除率高，有效解决了冶炼烟尘砷污染问题，真正实现了"以废治废"；同时回收有价金属铜、锌、砷、铅、铋、铟、镉等重金属，治理了重金属的污染。

1.2.2　工艺流程

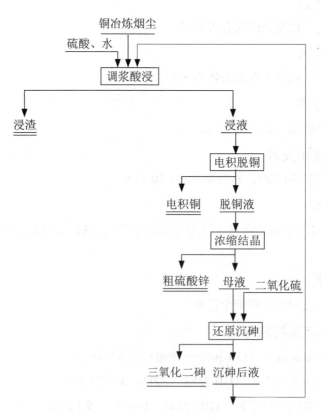

图 1-1　主要工艺流程图

1.2.3 主要设备或设施

图 1-2　示范项目厂区大门

图 1-3　示范项目全景

图 1-4　生产车间

图 1-5　生产车间

1.2.4 特征

以液体二氧化硫脱除烟尘中的砷，解决了砷的开路问题，有利于有价和稀贵金属的提取，提取率得到提高。

1.3　工程参数

1.3.1 主要建构筑物参数

表 1-1　主要建构筑物

序号	名　称	建筑面积 /m²	结构形式	备注
1	硫酸浸出车间	756	框　架	局部二层
2	电积车间	546	框　架	
3	浓缩车间	210	框　架	
4	浸出渣堆放车间	200	钢结构	
5	办公楼	320	框　架	
6	仓库	150	钢结构	

1.3.2　主要设备及运行参数

表 1-2　主要设备

序号	设备名称	规格及型号	材质	单位	数量	备注
1	调浆槽	$\Phi2\,200\times2\,700$	玻璃钢	个	2	附搅拌
2	浸出槽	$\Phi2\,200\times2\,700$	玻璃钢	个	6	附搅拌
3	板框压滤机	20m²	橡胶板框	台	6	电动
4	铜电解槽	3 600×870×1 060	砼衬软塑	个	16	
5	可控硅整流器	～3 000 A/0～50 V		台	1	
6	浓缩槽	$\Phi2\,200\times2\,700$	衬钛	个	10	夹套式
7	结晶槽	$\Phi2\,200\times2\,000$	不锈钢	个	10	夹套式
8	中间槽	4 000×2 000×800	不锈钢	个	5	
9	三足式离心机	SS-1000	不锈钢	台	5	
10	还原槽	$\Phi2\,200\times2\,700$	不锈钢	个	2	
11	自卸式离心机		不锈钢	台	1	
12	玻璃钢冷却塔			套	1	

表 1-3　工艺参数

工艺过程	工艺参数
浸出工艺控制	$L：S=4：1$
烟尘与水的重量比	1：(6~10)
电解电积电流密度	取 80A/m²
电流效率	取 70%
结晶硫酸锌蒸发浓缩量	80 m³/d
还原沉砷单槽加二氧化硫时间	20h
卸料时间及其他时间	4h

1.4　运行维护

　　生产过程的环境监测委托有资质的单位承担，分析铅、铜、砷、铁、锌、钙、镁等。定期对现场环境中的硫酸雾、无组织粉尘、循环水水质等进行监测。建立安全环境管理部门，配备环境保护负责人、专（兼）职人员，实行责任制，对生产过程进行严格监管。

　　生产系统设施有烟尘调浆、硫酸浸出、硫化脱铜、结晶粗硫酸锌、还原沉砷等生产流程体系，涉及的危险废物贮存设施有三个，分别为原料池、浸出渣贮存库、铜渣贮存间，属于运行维护的重点，必须做好防漏、防渗、防腐。定期对所贮存的危险废物包装容器及贮存设施进行检查，发现破损应及时采取措施清理更换。废物贮存设施内清理出来的泄漏物，一律按危险废物处理；泄漏液、清洗液、浸出液排入废水收集池内，严禁与其他地表水混合向外排放。

1.5　工程特色

1.5.1　适用领域和范围

适用于有色冶金行业产生的烟尘环保治理及回收，但不适用于黑色冶金行业产生的烟尘环保治理及回收。

1.5.2　典型特征

技术先进、成熟可靠、建设投资和生产成本低，回收产品价值高，有良好的经济效益，实现了"以废治废"和资源循环利用，对减少重金属排放有显著效果。

1.6　专家点评

该项目湿法系统 2010 年 7 月投入运行并通过验收，湿法系统采用酸浸冶炼过程产生的烟尘，加入液体二氧化硫回收了烟尘中的砷、铜、锌、镉，回收率分别为 $\geqslant 60\%$、$\geqslant 75\%$、$\geqslant 80\%$、$\geqslant 80\%$。

2 水口山有色金属集团锌冶炼废水电化学处理工程

2.1 工程概况

2.1.1 工程名称

水口山有色金属集团锌冶炼废水电化学处理工程。

2.1.2 工程地址

湖南省衡阳市常宁市。

2.1.3 工程业主

水口山有色金属集团有限公司。

2.1.4 工程设计方

长沙华时捷环保科技发展有限公司。

2.1.5 工程施工方

长沙华时捷环保科技发展有限公司。

2.1.6 工程运行方

水口山有色金属集团有限公司；长沙华时捷环保科技发展有限公司。

2.1.7 工程规模和投资

占地面积 $300m^2$，处理能力 $4\,200m^3/d$。

2.1.8 运行时间

2008 年 11 月完工并投入运行，具有高度自动化的优势，可实现运行管理的全自动化。

2009 年 3 月通过了由湖南省科技厅、湖南省环保厅、湖南有色控股集团等单位联合组织的验收。

2.1.9 服务范围

水口山有色金属集团锌冶炼废水处理。

2.1.10 设计标准及排放标准

《铅、锌工业污染物排放标准》（GB 25466—2010）。

2.1.11 工程运行成本

处理成本 $0.8\sim1.2$ 元 $/m^3$。

2.2　工艺流程

2.2.1　技术原理

采用长沙华时捷环保科技发展有限公司研发的重金属废水电化学处理技术，通过给反应器中多块极板加直流电，在极板之间产生电场，将待处理的水引入极板的空隙；电场中极板产生的离子与水中污染物相互作用，最终以最稳定的形式结合成固体颗粒，从水中沉淀出来。

电化学反应器的电解过程一般可简单描述为产生四种效应，即电解氧化、电解还原、电解絮凝和电解气浮。

2.2.2　工艺流程

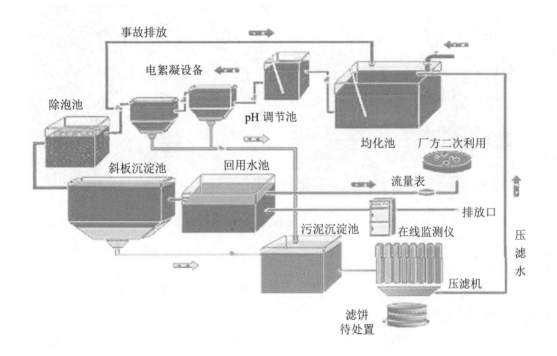

图 2-1　电化学废水处理系统示意图

2.2.3　主要设备或设施

图 2-2　主要设备和设施

2.2.4　特征

（1）主要投资为设备投资，施工周期短；运行中仅需电力、铁极板，无须其他化学药剂，操作维护简单，运行成本低。

（2）处理范围广，耐冲击负荷强：可同时处理砷、铬、铅、镉、铜等多种重金属污染物；可处理各种负荷的进水。

（3）处理效果稳定：能够保证废水出水稳定达标，不受进水水质水量变化波动的影响。

（4）可扩容性强：后期扩容仅需成套增加设备即可。

2.3　工程参数

2.3.1　主要建构筑物参数

除泡池、反应池、沉淀池、污泥池合建，设计一组，处理量为 4 200m³/d。

（1）除泡池：两格设计，两级除泡；单格设计尺寸为 3.0m×3.0m×3.3m。

（2）反应池：两格设计，采用机械搅拌；单格设计尺寸为 3.0m×3.0m×3.3m。

（3）斜板沉淀池：设计尺寸为 7.0m×6.2m；沉淀区设计尺寸 7.0m×4.8m。

2.3.2　主要设备

重金属废水电化学处理系统（HSJ-EC），处理规模 4 200m³/d。

2.4　验收监测

2009 年 3 月，衡阳市环境监测站进行验收监测，经过电絮凝系统处理后的外排废水 Pb、Cd、Zn、As 浓度均达到《污水综合排放标准》（GB 8978—1996）一组标准。

2.5　工程特色

2.5.1　适用领域和范围

有色冶金、化工、黄金冶炼、电镀、选矿等行业含重金属废水深度处理，对进水水质要求不严。

2.5.2　典型特征

适用范围广，可同时去除多种重金属，重金属去除率高；电絮凝采用高电流和低电压的脉冲电源，结构合理，能耗降低；极板装卸方便，减轻了劳动量，处理规模大，设备简单，占地面积少，仅为化学法的 1/5，维护便捷；自动化程度高，可实现现场无人值守运行、远程操作和监控；处理效果稳定可靠。

2.6　专家点评

重金属废水水质复杂，处理工艺较多，其中电化学处理工艺具有较好的应用前景。该方法综合采用氧化、还原、絮凝等处理技术，处理效率高，能够实现废水深度处理和综合利用。案例工程总体设计规范合理，经济、环境和社会效益较好，具有良好的推广前景。

3 株冶集团冶炼重金属废水生物制剂深度处理与回用工程

3.1 工程概况

3.1.1 工程名称

株冶集团冶炼重金属废水生物制剂深度处理与回用工程。

3.1.2 工程地址

湖南省株洲市石峰区清水塘。

3.1.3 工程业主

株洲冶炼集团股份有限公司。

3.1.4 工程设计方

中南大学；中国瑞林工程技术有限公司。

3.1.5 工程施工方

株洲冶炼集团股份有限公司。

3.1.6 工程运行方

株洲冶炼集团股份有限公司。

3.1.7 工程规模和投资

600 m^3/h 重金属废水生物制剂处理与回用工程，改扩建投资 1 300 万元。

3.1.8 运行时间

2006 年 8 月 23 日通过了由湖南省科技厅组织的成果鉴定验收，2010 年 1 月完工并投入运行，效果显著。

3.1.9 服务范围

株冶集团冶炼重金属废水处理与回用。

3.1.10 设计标准及排放标准

《铅、锌工业污染物排放标准》（GB 25466—2010）。

3.1.11 工程运行成本

外排水处理成本低于 2 元 /m^3，回用水运行成本低于 3 元 /m^3。

3.2　工艺流程

3.2.1　技术原理

采用中南大学研发的多基团配合—水解—脱钙—分离（CHDS）技术，将复合功能菌群培养产生的代谢产物通过基团嫁接与组分设计，制备得到含有 -OH、-COOH、-SH、-NH₂等大量功能基团的生物制剂。

生物制剂与重金属离子配合形成稳定的配合物，在 pH 值为 3 左右时便开始水解形成胶体颗粒，实现了低 pH 值条件下的强化水解，pH 值提高进一步诱导重金属配位体胶团长大；由于水处理剂同时兼有高效絮凝和脱钙作用，当重金属配合物水解形成颗粒后很快絮凝形成胶团，从而使汞、镉、砷等多种重金属离子高效脱除并实现钙离子同时净化。

3.2.2　工艺流程

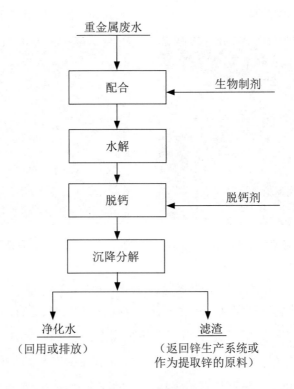

图 3-1　工艺流程图

3.2.3 主要设备或设施

图 3-2 均化池废水

图 3-3 示范工程配料系统

图 3-4 示范工程生产现场

图 3-5 示范工程净化水

3.2.4 特征

该工程采用"生物制剂配合—水解—脱钙"处理技术替代原有的石灰中和法，净化水能够全面回用，净化出水达到《铅、锌工业污染物排放标准》（GB 25466—2010），减排 Zn（锌）26.2t/a、Pb（铅）5.25t/a、As（砷）2.63t/a、Cd（镉）0.53t/a，每年入江重金属排放总量削减 80% 以上。按照株洲冶炼集团公司每吨金属生产节省的排污费推算，每年可节省排污费 420 万元，水处理过程产生的水解渣中可回收锌约 2 000t。

该工程的成功运行，每年可以减排废水 500 多万 t，增加回用量为 400 多万 t，按 1.2 元 /t 计算，每年可节约用新水费用近 500 万元。

3.3　工程参数

3.3.1　主要建构筑物参数

均化池 1 座，用于废水水量及水质的均化；反应池 6 个，串联进行配合—水解—脱钙反应；斜板沉淀池 1 座，用于渣水分离及净化水的回用。

3.3.2　主要设备及运行参数

配料及加料系统一套，用于生物制剂等的配制及加料。

表 3-1　主要运行参数

生物制剂与废水中重金属离子浓度比	0.5～0.7 倍
配合反应时间	30min
一级水解反应时间	30min
二级水解反应时间	30min
脱钙反应时间	40min
水解反应 pH 值	9

3.3.3　节能减排参数

渣量比传统中和法少，渣中重金属含量由 18% 提高到 24%，更利于直接返回锌生产系统或作为提取锌的原料。该工程可实现废水的深度处理，钙离子低于 50mg/L，处理后废水可直接回用。

3.4　运行维护

3.4.1　规章制度的制定和执行

自从工程投入运行以来，先后制定了工艺标准操作规程、设备维护制度、安全操作规程、应急处理预案等一系列规章制度，并得到了有效执行。

3.4.2　监测

2006 年 8 月 20 日，受株洲冶炼集团股份有限公司的委托，湖南省环境监测中心站在株冶集团对株冶重金属废水生物处理设施进行了现场监测，对处理废水中的铜、铅、锌、镉、砷、汞、钙等因子进行监测及分析（湘环委监［2006］40 号），监测结果见表 3-2。

表 3-2　监测结果及评价标准一览表

监测项目	生物处理进口株冶重金属废水监测结果/(mg/L)		生物处理出口净化水监测结果/(mg/L)		评价标准及代号	标准限值/(mg/L)	评价标准及代号	标准限值/(mg/L)	原水中重金属处理效率/%
	第一个工况	第二个工况	第一个工况	第二个工况					
Cu	0.664	0.613	0.002 61	0.002 22	《生活饮用水卫生标准》（GB 5749—1985）	0.1	经委托方要求，生物处理出口净化水所要求的监测项目要以生活饮用水最新标准衡量，故参照执行《生活饮用水卫生标准》（GB 5749—2006）（报批稿）中表 1 的标准	10	99.62
Pb	6.24	5.69	0.000 69	0.000 35		0.05		0.01	99.99
Ca	383.4	402.6	55.75	53.1		180*		180*	86.15
Zn	131.0	124.8	0.101	0.100		1.0		1.0	99.92
Cd	3.52	3.43	0.001 52	0.001 48		0.01		0.005	99.96
As	0.802	0.758	0.011	0.002		0.05		0.01	99.17
Hg	0.161	0.195 3	0.001 2	0.000 53		0.001		0.001	99.51

* 参考值。《生活饮用水卫生标准》（GB 5749—1985）与《生活饮用水卫生标准》（GB 5749—2006）（报批稿）中水的总硬度（以 $CaCO_3$ 计）都是 450mg/L，所以本表中 Ca 的标准限值都是折算后的值

3.4.3　运行维护的重点

严格按照工艺标准操作规程，控制好各项药剂的投加量，随时关注水解 pH 值；根据后续膜处理对前期进水脱钙的要求，控制好净化水总硬度指标。

3.4.4　运行维护经验

液碱调节 pH 值的控制不会出现石灰调节 pH 值过程中石灰乳污染传感器的问题，便于控制。新工艺设备较少，维护容易。

3.5　工程特色

3.5.1　适用领域和范围

适用于有色金属冶炼（铅、锌、铜、黄金、锑等）过程中产生的重金属废水，不适用于含大量有机络合态重金属的废水处理。

3.5.2　典型特征

整个过程采用的自动化控制技术在工业上比较成熟，运行稳定性好，可去除多种金属离子，无二次污染。

3.6　专家点评

采用"制剂配合—两段水解—深度脱钙"直接深度处理有色金属冶炼高浓度酸性废水，提供了高浓度酸性废水处理与资源化的新工艺。技术水平先进，处理工艺简单，实现了明显的重金属减排效果。案例工程设计规范合理，经济、环境和社会效益较好，具有良好的推广前景。

4 铜陵 PCB 产业园重金属废水处理及资源回收工程

4.1 工程概况

4.1.1 工程名称

铜陵经济技术开发区 PCB 产业园污水处理工程。

4.1.2 工程地址

安徽省铜陵市经济技术开发区 PCB 产业园。

4.1.3 工程业主

安徽省铜陵市经济技术开发区管委会。

4.1.4 工程设计方

江西金达莱环保股份有限公司。

4.1.5 工程施工方

（1）土建：铜陵营造有限责任公司。

（2）安装：江西金达莱环保股份有限公司。

4.1.6 工程运行方

铜陵金达莱环保科技有限公司。

4.1.7 工程规模和投资

处理能力 5 000m³/d，总投资 6 000 万元，单位投资 1.2 万元 /m³。

4.1.8 运行时间

2010 年 5 月投入运行以来一直稳定运行，各项指标均满足要求。

4.1.9 服务范围

铜陵市经济技术开发区 PCB 产业园内产生的废水主要是含铜重金属废水，具体包括磨板废水、铜氨络合废水、化学沉铜废水、化学镀镍废水、含氰废水、墨废水、有机废水、综合废水。

4.1.10 设计标准及排放标准

《电镀废水治理设计规范》（GB J136—1990）；

《电镀污染物排放标准》（GB 21900—2008）。

4.1.11 工程运行成本

运行成本为 6.8 元 /m³，其中电费 1.6 元 /m³、药剂费 4.9 元 /m³、水费 0.04 元 /m³、人工费 0.26 元 /m³。

4.2 工艺流程

4.2.1 技术原理

　　工程采用物理分离与超滤技术（JDL 处理器），不需要投加 PAM，出水可稳定达标，实现了废水中重金属资源的回收。生化处理系统采用 4S-MBR 工艺，以兼氧膜生物反应器工艺为核心，具有污泥产量低、运行能耗低、处理效率高等优点。

4.2.2 工艺流程

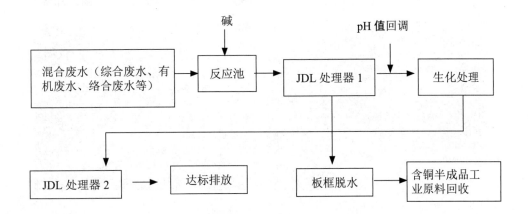

图 4-1　主要工艺流程图

　　综合废水、有机废水、络合铜废水及酸析后废液合并进入调节池，调节废水的 pH 值为 9 ～ 10，废水中重金属离子转化为固态氢氧化铜，经 JDL 处理器处理分离，出水经 pH 值回调后进入 4S-MBR 生化处理系统进一步去除废水中的有机污染物，并对难去除的络合铜进行生物破络，生化处理出水再次经过 pH 值调整、JDL 处理器及 pH 值回调，出水达标排放，氢氧化铜则被截留于安装 JDL 处理器的处理池，当氢氧化铜悬浮物浓度达到一定程度时，则对其泥水混合液进行板框压滤脱水，所得污泥为纯度较高的氢氧化铜半成品工业原料，可回收利用。

4.2.3 主要设备或设施

图 4-2　主要设备或设施

4.2.4 特征

减少 COD 排放量 720.1t/a，减少总铜排放量 56.6t/a。在实现废水稳定达标处理的同时，实现了重金属资源的回收利用，减少了危险废物的产生量；实现了废水的循环利用，水回用率达到 70%，节约了新鲜水资源消耗。

4.3　工程参数

4.3.1　主要设备

表 4-1　主要设备一览表

设备名称	型号	技术参数
JDL 处理器	JDLCLQ	$Q=1\,000\ m^3/d$
鼓风机	GRB-125A	$Q=24.01m^3/min$，$P=5\,000mmH_2O$，$N=30kW$
产水泵	HF6A	$48m^3/h$,$H=13.8m$，2.2kW
污泥脱水机	JKY/M315825	过滤面积 $100m^2$，$N=1.5kW$
加药泵	JHS1-JB-2000	$Q=530L/h$，$N=0.37kW$
在线污泥浓度测定仪	SOLITAX SC	$0\sim10\,000mg/L$，分辨率 0.001g/L

设备名称	型号	技术参数
总铜在线监测仪表	HACH-27451-25	0.05~2.0mg/L，分辨率 0.001×10^{-6}
COD 在线监测仪表	DR2800	0~150mg/L，分辨率 1mg/L

4.3.2　主要控制参数

表 4-2　主要控制参数一览表

单元	控制参数	备注
反应池	pH 值 9.5~10.5 HRT10~15min	①pH 值高低点差值设置：HRT<10min，pH 值高低点差值可 ≥ 0.5；HRT>15min，pH 值高低点差值可 ≤ 0.5，高低起伏点不大于 2； ②混合废水 pH 值 ≤ 2.2,pH 值高低点可为 10.5~11； 2.2 ≤ pH ≤ 3.2,pH 值高低点可为 10~10.5，pH 值 ≥ 3.2，pH 值高低点可为 9.5~10
JDL1	pH 值 9.5 ～ 10.5 HRT3-4h	①JDL1 出水铜浓度要求 ≤ 3 mg/L； ②JDL1 池定期排泥，排泥次数 ≥ 4 次 /d，排泥时间为泥浆变清为止，尽可能降低 JDL 池中污泥浓度； ③JDL1 池中 9.5 ≤ pH ≤ 11
生化池	污泥负荷 0.06 ～ 0.1 kgCOD/(kgMLSS•d) 气水比 10：1 HRT4~6h 溶解氧 3mg/L	
JDL2	pH 值 9.5~10.5 HRT3~4h	①JDL2 出水铜浓度要求 ≤ 0.2mg/L，ORP - 200~ - 100mV； ②JDL2 池定期排泥，排泥次数 ≥ 4 次 /d，排泥时间为泥浆变清为止，尽可能降低 JDL 池中污泥浓度； ③JDL 池中 9.5 ≤ pH ≤ 11

4.3.3　节能减排参数

表 4-3　主要节能减排参数一览表

项目	传统化学混凝沉淀法处理工艺	本工程
投资	A	A
处理药剂消耗费用 /（元 /m³）	B	50%~70%B
占地 /（m²/m³）	C	10%~30%C
危废量 /（kg/m³）	D	10%~20%D

4.4　运行维护

出水水质（除 COD 外）满足《污水综合排放标准》（GB 8978—1996）中的第二时段一级排放标准，COD 执行《电镀污染物排放标准》（GB 21900—2008）中表 2 规定的 COD 排放标准。特征污染物的削减情况、主要处理设施进出口的浓度、排放指标分别见表 4-4、表 4-5、表 4-6。监控系统、加药系统、风机、进水泵、产水泵、压滤机、气动隔膜泵、空压机和膜是运行维护的重点。设备不能长时间停机，设备完好的情况下，应每班切换或每天切换设备。

表 4-4　主要（或特征）污染物的削减情况

污染物名称	COD	Cu^{2+}
处理前污染物排放量 /（t/a）	866.1	57.5
处理后污染物排放量 /（t/a）	146.0	0.9
污染物削减量 /（t/a）	720.1	56.6

表 4-5　生产废水进口浓度

废水种类	（平均）水质 /（mg/L）			
	Cu^{2+}	COD	NH_3-N	其他
磨板废水	～ 30	<40	/	
电镀废水	～ 30	<40	/	
一般清洗水	～ 30	<60	/	
有机清洗水	～ 15	～ 1 000	/	
络合废水	～ 150	~500	<40	
脱膜显影液	～ 10	～ 15 000	/	微量 Sn^{2+}、CN^-
含镍清洗水		≤ 100	/	Ni^{2+}：~30 mg/L
废酸液	～ 200	～ 800	/	
含氰废水		～ 100	/	CN^-：≤ 80mg/L

表 4-6　生产废水排放指标表

单位：mg/L

项　目	COD_{Cr}	BOD_5	SS	NH_3-N	磷酸盐（以P计）	总铜	总镍	总银	总氰化物
污水出水标准	80	20	20	15	0.5	0.5	1.0	0.5	0.5

4.5　工程特色

4.5.1　适用领域和范围

适用于工业含重金属废水处理，如电镀、印制电路板、冶金、化工、电子、矿山等许多工业过程中产生含镍、铬、铜、铅、镉等金属离子的废水。不适用于生化性差或含有特殊难处理的重金属的废水。

4.5.2　典型特征

工艺流程简单，加药量少，控制点少，可实现高度自控，对操作人员的技术水平要求相对不高，运行管理方便，可减轻废水站工作人员的劳动强度。

4.6　专家点评

该案例针对 PCB 园区含不同重金属的废水单独收集，采用"化学沉淀 +NF 膜"工艺分别处理，不添加混凝剂，可回收重金属，工程效果优良，技术实用。

5 梅州市 PCB 工业园区废水深度处理工程

5.1 工程概况

5.1.1 工程名称

梅州市 PCB 工业园区废水深度处理工程。

5.1.2 工程地址

广东省梅州市经济开发区。

5.1.3 工程业主

广东省梅州市经济开发区管理委员会。

5.1.4 工程设计方

广东新大禹环境工程有限公司。

5.1.5 工程施工方

广东新大禹环境工程有限公司。

5.1.6 工程运行方

广东新大禹环境工程有限公司。

5.1.7 工程规模和投资

处理能力 12 000m³/d，总投资 7 394 万元。

5.1.8 运行时间

2011 年 5 月调试运行，系统稳定运行，污水达标排放。2011 年 12 月通过了由广东省梅州市环保局组织的验收。

5.1.9 服务范围

处理经济开发区 23 家电路板企业的生产废水。

5.1.10 设计标准及排放标准

《城镇污水处理厂污染物排放标准》（GB 18918—2002）一级标准 B 标准和《广东省地方水污染物排放限值》（DB 44/26—2001）第二时段一级标准中的特别排放限值。

5.1.11 工程运行成本

运行成本 5.739 元 /m³，其中人工费 0.45 元 /m³、药剂费 4.519 元 /m³、水电费 0.77 元 /m³。每年直接净效益为 571.8 万元。

5.2 工艺流程

5.2.1 技术原理

工程采用从源头到末端的全流程监控策略。采用集中式处理的建设模式，节省投资和运行费用，有利于监管；采用单管收集、明管输送的收集与输送方式，便于监管，有效防止泄漏和混排等异常情况。

对园区废水进行合理的分质分流并分别进行预处理，采用成熟的物化处理工艺并结合先进的电化学、膜科技，以高效的自控系统、精确的投药控制，保证运行费用合理和高质量出水。

5.2.2 工艺流程

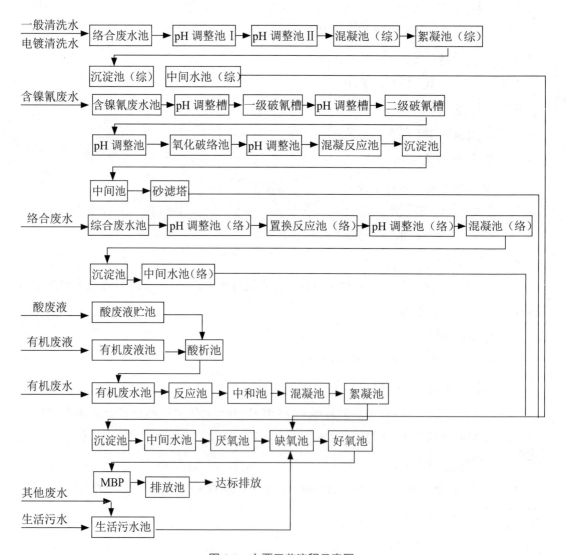

图 5-1 主要工艺流程示意图

5.2.3　主要设备或设施

图 5-2　废水管网

图 5-3　生化系统反应池

图 5-4　物化系统反应池

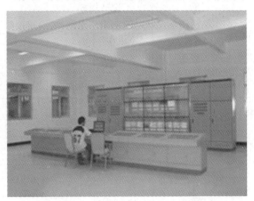

图 5-5　中央控制室显示屏

5.3　主要设备参数

表 5-1　主要设备

名称	参数	单位	数量	备注
反应搅拌机	2.2kW	台	1	水下不锈钢
砂滤塔	$\Phi2.0\times4.0m$	套	1	钢质、内衬玻璃钢防腐
斜管填料装置	$\Phi80$	m²	40	PP
脉冲装置	$\Phi1\,400\times1\,500$	座	2	钢制、防腐
三相分离斜板		m²	295	玻璃钢、PVC
废水提升管网	DN80~150	批	2	UPVC
脉冲罐主管道	DN200	批	2	UPVC
MBR 膜元件	SMM-1520	支	1 680	新加坡美能

表 5-2　生产废水水量分配

污水种类	设计水量 /（m³/d）	备注
综合废水	6 300	一般清洗水工序清洗水，不含络合物
氰镍废水	450	含镍氢镀工艺的清洗水
络合废水	1 080	含铜的清洗水、化学沉铜及其清洗水、碱性蚀刻清洗水、棕化后水洗、有机涂覆后水洗和除油后水洗
酸性废液	90	酸性除油等废液
有机废液	180	显影、剥膜、除胶工序废液
有机废水	900	显影、剥膜工序清洗水
生活污水	3 000	工业园内员工生活废水
小计	12 000	

表 5-3　生产废水原水水质

污水种类	设计规模		（平均）水质 /（mg/L）				
	水量/（m³/d）	比例 /%	pH 值	Cu	COD	NH₃-N	其他
PCB 废水	9 000						
综合废水（磨板、电镀、一般清洗水）	6 300	70	4～5	～30	<60	—	
有机废水	900	10	>10	<15	～1 000	—	
络合废水	1 080	12	2～4	～150	～500	<40	
含镍（氰）废水	450	5	～6	—	≤100	—	Ni^{2+}：～30 mg/L
有机废液	180	2	>12	<10	<15 000	—	微量 Sn^{2+}、CN^-
酸废液	90	1	0	～200	～800	—	
生活污水及其他废水	3 000		6～9	<0.5	<300	<30	不得含有重金属
合计	12 000						

5.4　运行维护

5.4.1　监测

表 5-4　监测结果一览表

监测项目	进口加权平均浓度 /（mg/L）	出口浓度 /（mg/L）	排放指标 /（mg/L）	去除效率 /%
总镍	7.8	0.72	1	90.8
悬浮物	142	12	20	91.5
化学需氧量	401	34	40	91.5
氨氮	37.1	0.536	8	98.6
总铜	85.6	0.34	0.5	99.6
总磷	1.7	0.09	0.5	94.7
总氮	45.74	3.77	15	91.8

5.4.2 运行维护的重点

混凝剂投加量的控制、活性污泥管理、沉淀池的运行管理、污泥脱水机的运行管理等是运行维护的重点。

5.5 工程特色

5.5.1 适用领域和范围

该工程适用于电路板废水处理项目。

5.5.2 典型特征

采用中控室 PC 集中管理和监视、现场 PLC 分散控制的计算机控制系统，实施在线监控自动化程度高，人工操作较少，运行管理方便，可比同等规模的处理系统减少 3～6 个运行管理人员，节省人工费用，减少人为操作失误对处理出水的影响。

5.6 专家点评

该案例采用"酸析＋微电解＋化学沉淀＋缺氧／好氧生物处理＋MBR"工艺，对园区废水进行分质收集、分类处理，为国内领先水平。系统自动化程度高，运行成本低且稳定可靠。

6 昆山千灯火炬电路板工业园区污水集中处理及回用工程

6.1 工程概况

6.1.1 工程名称

昆山千灯火炬电路板工业园区污水集中处理及回用工程。

6.1.2 工程地址

江苏省昆山市千灯镇电路板工业园区宏洋支路。

6.1.3 工程业主

昆山富民环保设备有限公司。

6.1.4 工程设计方

广东新大禹环境工程有限公司。

6.1.5 工程施工方

广东新大禹环境工程有限公司。

6.1.6 工程运行方

昆山富民环保设备有限公司。

6.1.7 工程规模和投资

处理能力 8 000m³/d，总投资 4 000 万元。

6.1.8 运行时间

2010 年 9 月投入运行，实现了长期稳定达标。2011 年 7 月 28 日，通过了由江苏省昆山市环保局组织的验收。

6.1.9 服务范围

昆山千灯火炬电路板工业园区电路板企业的生产废水。

6.1.10 设计标准及排放标准

《电镀污染物排放标准》（GB 21900—2008）表 3 要求及《太湖地区污水处理厂及重点工业行业主要水污染物排放限值》（DB32/T 1072—2007）。

6.1.11 工程运行成本

运行成本 5.20 元 /m³，其中人工费 0.35 元 /m³、药剂费 4.18 元 /m³、水电费 0.67 元 /m³。

6.2 工艺流程

6.2.1 技术原理

对园区电镀废水进行合理的分质分流并分别进行预处理，采用成熟的物化处理工艺并结合先进的电化学、膜科技，以高效的自控系统、精确的投药控制，保证运行费用合理和高质量出水。

6.2.2 工艺流程

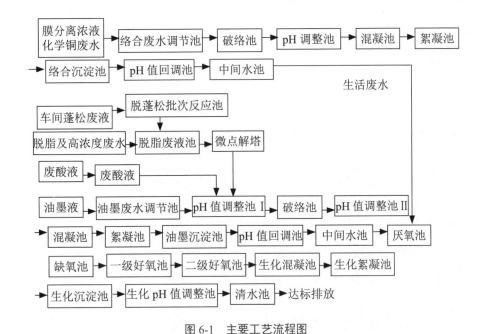

图 6-1　主要工艺流程图

6.2.3 主要设备或设施

图 6-2　厂区路面

图 6-3　生化系统反应池

图 6-4　物化系统反应池

图 6-5　中央控制室显示屏

6.3　工程参数

表 6-1　主要设备

设备名称	品牌	性能指标
络合废水提升泵（G-37-100）	川源	优质
中心转动刮泥机（Φ16m）	新大禹环保	优质
生化废水提升泵（G-37-150）	川源	优质
中间水池（机）中继泵 (G-37-150)	川源	优质
潜水搅拌机	川源	优质
刮泥机（Φ22m）	新大禹环保	优质
污泥回流泵（G-310-150）	川源	优质
油墨废水提升泵（G-37-100）	川源	优质
废酸液提升泵（G-32-65）	川源	优质
脱脂及高浓度废水提升泵（G-32-65）	川源	优质
中心传动刮泥机（Φ13m）	新大禹环保	优质
综合污泥厢式脱水机（120m²）	杭州金龙	优质
生化污泥厢式脱水机（120m²）	杭州金龙	优质
生化鼓风机（3L52WC,6mH₂O）	恒荣	优质
搅拌鼓风机（3L52WC,5mH₂O）	恒荣	优质
空压机（PE300500）	巨霸	优质
PLC 自动控制系统及工控系统	三菱 / 惠普	优质

表 6-2　生产废水水量分配

污水种类	设计水量 /(m³/d)	备注
络合废水	4 600	含铜的清洗水、化学沉铜及其清洗水、碱性蚀刻清洗水、棕化后水洗、有机涂覆后水洗和除油后水洗；经过膜分离后的浓缩水
脱脂及高浓度废水	400	前处理的除油脱脂废液、棕化废液等
油墨废水酸析后	1 500	显影、剥膜、除胶清洗水
酸性废液	500	镀缸保养后清洗水
生活污水	1 000	工业园内员工生活废水
小计	8 000	

表6-3　生产废水原水水质

废水种类	（平均）参考水质/(mg/L)					备注
	pH	Cu²⁺	COD	NH₃-N	其他	
生活废水	~7.0	—	<350	25		氮磷含量高
油墨废水	6~8	<5	3 000	—	—	回调pH值之后排入废水站
酸性废水	~2	~20	~150	—		
络合废水	1~12	50	<300	—		经过膜分离后的浓缩水、络合铜
脱脂等废水	1~11	5	~8 000	<20	前处理除油脱脂等	含高浓度有机物
膨松废液	~6.5		230 000	—	膨松线	高浓度有机废液

6.4　运行维护

6.4.1　监测

表6-4　监测结果一览表

监测点位	监测结果（单位：mg/L，pH值为量纲一，废水量为m³）							
	pH值	COD$_{Cr}$	TP	NH₃-N	SS	Cu	Ni	废水量
生产原水	9.05	145	0.59	16.2	21	21	0.05	工业废水6 113，生活废水143
总排放水日均浓度	—	38	0.13	0.76	8	0.23	0.09	
生产原水	8.59	306	0.29	27.0	29	2.52	0.10	工业废水6 221，生活废水144
总排放水日均浓度	—	40	0.17	1.01	7	0.15	0.08	
生产原水	7.21	1 060	0.16	15.0	27	4.10	0.05	工业废水5 898，生活废水148
总排放水日均浓度	—	35	0.16	0.22	7	0.21	0.06	
执行标准	6~9	≤50	≤0.5	≤5	≤30	≤0.3	≤0.1	

6.4.2　运行维护的重点

混凝剂投加量的控制、活性污泥管理、沉淀池的运行管理、污泥脱水机的运行管理等是运行维护的重点。

6.5　工程适用领域和范围

该工程适用于电路板废水处理项目。

6.6　专家点评

采用"酸析＋微电解＋化学沉淀＋缺氧/好氧生物处理"工艺，对电路板园区废水进行处理并回用，此方法对含有油墨、络合剂、金属铜及其他化学助剂的电路板废水处理行之有效，且实用可靠。

7 杭州顿力实业有限公司 2 400t/d 电镀废水处理工程

7.1 工程概况

7.1.1 工程名称

杭州顿力实业有限公司 2 400t/d 电镀废水处理工程。

7.1.2 工程地址

浙江省杭州市余杭区东塘工业区杭州顿力实业有限公司。

7.1.3 工程业主

杭州顿力实业有限公司。

7.1.4 工程设计方

杭州回水科技股份有限公司。

7.1.5 工程施工方

杭州回水科技股份有限公司；杭州顿力实业有限公司。

7.1.6 工程运行方

杭州海尚科技有限公司。

7.1.7 工程规模和投资

设计水量 2 400t/d，最大处理流量为 120t/h，总投资 1 800 万元，单位投资 7 500 元 /t。

7.1.8 运行时间

2010 年 9 月投入运行，2011 年 3 月 9 日通过了由浙江省杭州市余杭区环保局组织的限期治理验收。

7.1.9 服务范围

杭州顿力实业有限公司 2 400t/d 电镀废水处理及镍在线回收。

7.1.10 设计标准及排放标准

《电镀污染物排放标准》（GB 21900—2008）表 3：水污染物特别排放限值。

7.1.11 工程运行成本

综合处理成本为 7.317 元 /t。电镀废水处理成本为 3.50 元 /t，其中电费 1.56 元 /t、药剂费 1.50 元 /t、人工费 0.26 元 /t、极板更换费 0.18 元 /t。RO 系统运行成本为 1.105 元 /t，其中设备折旧费 0.10 元 /t、滤芯费 0.008 元 /t、反渗透膜费 0.057 元 /t、滤料费 0.29 元 /t、药剂费 0.10 元 /t、电费 0.55 元 /t。300t/d 镍回收系统运行成本为 2.712 元 /t，其中电费

0.176 元 /t、再生费 2.011 元 /t、滤芯费 0.042 元 /t、活性炭费 0.483 元 /t。

7.2 工艺流程

7.2.1 技术原理

工艺系统包括镍回收处理工艺、含铬废水和含镍废水预处理工艺、综合废水电化学处理达标排放工艺、综合污泥处理工艺、RO 去离子水处理回用工艺。其中，电化学水处理工艺通过氧化还原、凝聚絮凝、吸附降解和协同转化等综合作用去除废水中的重金属离子、硝酸盐、有机物、胶体颗粒物等多种污染物，尤其是对重金属和 COD 具有优良的去除效果，达到重金属废水治理与资源回用的目的。

7.2.2 工艺流程

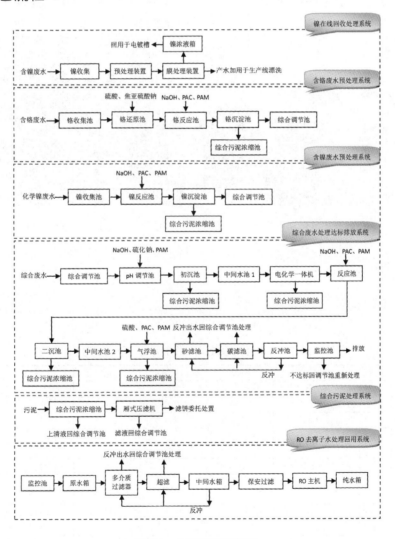

图 7-1　主要工艺流程图

7.2.3　主要设备或设施

图 7-2　污水处理站概貌

图 7-3　电化学高频脉冲电源

图 7-4　敞开式电化学反应器

图 7-5　沉淀、气浮、砂滤、炭滤工艺

7.3　工程参数

7.3.1　主要建构筑物参数

表 7-1　电镀污水处理系统主要建构筑物参数

名称	数量	规格	材质	设计容量	有效深度	设计温度	停留时间
集水池	1	4m×4m×2.5m	钢混结构	40m^3	2m	50℃	
反应沉淀池	1	2m×4m×2.5m	钢混结构	20m^3	2m	50℃	
调节池 2	1	20m×10m×3m	钢混结构	600m^3	2.5m	50℃	5h
pH 调节沉淀池	1	10m×5m×4m	钢混结构	200m^3	3.5m	50℃	1.5h
中间水池	1	6m×5m×4m	钢混结构	120m^3	3.5m	50℃	1h
HS- 斜板沉淀池	1	12m×5m×4m	钢混结构	240m^3	3.5m	50℃	2h
污泥浓缩池	1	3m×3m×3.5m	钢混结构	31.5m^3	3m	50℃	
清水池	1	5m×10m×2m	钢混结构	100m^3	1.8m	50℃	
排放监控池	1	10m×5m×2m	钢混结构	100m^3	1.8m	50℃	

表 7-2　镍回收系统主要建构筑物参数

名称	数量	规格	材质	设计容量	有效深度	设计温度	停留时间
调节池 1	1	4m×4m×2.5m	钢混结构	40m³	2m	50℃	1.5h
有压碳滤	1	Φ1.2～2.5m	碳钢内衬橡胶	12.5t/h		50℃	
阳床	4	Φ1.2～2.5m	碳钢内衬橡胶			50℃	
清洗液收集箱	1	PE-10000L	PE	10m³		50℃	

表 7-3　RO 去离子水系统主要建构筑物参数

名称	数量	规格	材质	设计容量	设计温度
有压砂滤	1	Φ2200-30	碳钢内衬橡胶	30t/h	50℃
有压碳滤	1	Φ2200-30	碳钢内衬橡胶	30t/h	50℃
保安过滤器	2	Φ500×1 500	304SS	30t/h	50℃
清水箱	1	PE-20000L	PE	20m³	50℃
清洗过滤器	1	Φ350×1 500	304SS	20t/h	50℃

7.3.2　主要设备及运行参数

表 7-4　电镀污水处理系统主要设备

名　称	数量	规格/型号	备　注
电化学一体机	4	1 600L×2 800H	加强玻璃钢，流量单台 30m³/h，有效高度 2.6m，温度 50℃，停留时间 10min
气浮设备	2	8m×2.5m×2.5m	环氧树脂防腐，流量每套 60m³t/h，有效深度 2.5m
无动力砂滤设备	2	2.5m×2.5m×3m	环氧树脂防腐，流量每套 60m³t/h，有效深度 3m，过滤速度 10m/h
无动力碳滤设备	2	3m×4m×3m	环氧树脂防腐，流量共 120m³t/h，有效深度 3m，过滤速度 10m/h
加药装置	8	LMI-P056	NEW-DOSE，Q=0~20L/h，220V/50Hz
提升泵	6	G-35-80	南方泵业，Q=45m³/h，H=16m，380V/50Hz，3.7kW
提升泵	4	G-35-100	南方泵业，Q=70m³/h，H=12m，380V/50Hz，3.7kW
提升泵	1		南方泵业，Q=10m³/h，H=15m，380V/50Hz
回流泵	4	G-310-65/2P	南方泵业，Q=25m³/h，H=50m，380V/50Hz，7.5kW
反冲泵	2	G-35-100	南方泵业，Q=70m³/h，H=12m，380V/50Hz，3.7kW
反冲泵	2	G-35-150	南方泵业，Q=130m³/h，H=10m，380V/50Hz，5.5kW
搅拌机	2		380V/50Hz，2.2kW
压滤机	1	XMJ80/920-UB	总容量 480m³，过滤面积 80m²

表 7-5　镍回收系统主要设备

名　称	数量	规格/型号	备　注
提升泵	2	CDL8-50	南方泵业，380V/50Hz，3.7kW
再生泵	2	40CQB-25-125	上海立申，ABS

表 7-6　RO 去离子水系统主要设备

名　称	数量	规格 / 型号	备　注
清洗泵	1	CDLF32-20	南方泵业 , $Q=32m^3/h$，$H=27m$，380V/50Hz，4KW
提升泵	2		南方泵业 , $Q=25m^3/h$，$H=39.5m$，380V/50Hz,4KW
增压泵	1	CR20-17	格兰富，$Q=20m^3/h$，$H=240m$，380V/50Hz，18.5KW
加药装置	3	LMI-P056	NEW-DOSE，$Q=0\sim20L/h$，220V/50Hz

表 7-7　工艺参数

工艺段	主要设备	工艺参数
镍回收工艺	膜处理	回收率 90%
抛光废液预处理	石灰加药系统	石灰乳调 pH 值到 8~9
混合电镀废水处理	中间调节池	pH 值调节至 6
	高效电化学反应器	电流密度 $22A/m^2$
	沉淀池	pH 值调节至 8.5

7.3.3　节能减排参数（同类型工程比较）

每年镍回收增加经济效益 50 万元；每年节水 52 万 t，增加经济效益 155 万元；每年共增加经济效益 205 万元。

7.4　运行维护

7.4.1　监测

表 7-8　监测结果一览表

项目	2010.11.16 调节池	2010.11.16 排放口	2010.11.17 调节池	2010.11.17 排放口	排放限值
pH 值	2.02~2.16	7.08~8.08	2.04~2.28	7.20~7.52	6~9
化学需氧量 /（mg/L）	67.3~83.6	13.4~24.1	72.4~85.7	15.4~18.5	50
悬浮物 /（mg/L）	34~65	26~28	51~62	24~28	30
氨氮 /（mg/L）	4.75~10.0	2.21~3.95	3.62~4.34	1.81~3.44	8
总磷 /（mg/L）	7.22~8.72	0.020~0.028	7.61~10.0	0.016~0.024	0.5
氰化物 /（mg/L）	0.193~0.198	0.004~0.006	0.235~0.241	0.005~0.008	0.2
六价铬 /（mg/L）	<0.004	<0.004	<0.004	<0.004	0.1
铜 /（mg/L）	6.99~7.11	0.05	7.16~7.30	0.04~0.05	0.3
锌 /（mg/L）	14.7~15.0	0.09~0.61	15.0~15.1	0.04~0.27	1.0
镍 /（mg/L）	29.6~30.0	<0.01	24.1~24.8	<0.01	0.1
总铬 /（mg/L）	9.91~10.0	<0.01	9.57~9.64	<0.01	0.5

7.4.2　运行维护

（1）日常维护：保证机械和电气设备、仪表、控制系统、构筑物以及结构处于良好的工作状态。

（2）预防性维护：包括各类耗材、配件的更换，备用设备的更换启停。

（3）更正性维护：在设备的日常运行中发现小且非关键性问题后安排在一个适当的时间段内进行。

（4）仪器校准维护：对于日常运行的用以测量工艺参数、调整药剂种类和加药剂量的仪器，定期使用标准液进行校正，以保证运行管理过程获得连续准确的运行数据。

（5）缺陷维护：当设备未能正常运行时所进行的维修工作，将在发现问题后立刻执行，以避免或尽量减少对出水水质或水量方面的影响。

7.5　工程特色

7.5.1　适用领域和范围

冶金、电镀、电子、电池、皮革制造等行业的重金属废水，盐分在 100 ～ 50 000mg/L。

7.5.2　典型特征

高频高压脉冲电源可根据污水水质调节电解方式，可有效防止极板钝化和表面氧化膜的形成。能耗低，综合运行成本低。

7.6　专家点评

采用"电解化学沉淀 +UF+RO 膜处理"，不仅处理重金属的效果显著，而且对 COD 也可处理到 50mg/L 以下。技术先进、工艺合理，系统设备的自动化程度较高，运行性能稳定。

8.1 工程概况

8.1.1 工程名称

长春一汽四环四维尔汽车零部件有限公司电镀废水处理及回用工程。

8.1.2 工程地址

吉林省长春市朝阳经济开发区。

8.1.3 工程业主

长春一汽四环四维尔汽车零部件有限公司。

8.1.4 工程设计方

厦门绿邦膜技术有限公司。

8.1.5 工程施工方

威士邦（厦门）环境科技有限公司。

8.1.6 工程运行方

长春一汽四环四维尔汽车零部件有限公司。

8.1.7 工程规模和投资

处理能力 380t/d，回收约 260t/d，总投资 500 万元，单位投资 13 158 元 /t。

8.1.8 运行时间

2010 年 9 月投入运行，整体运行良好。2010 年 12 月 14 日通过了由吉林省长春市环保局组织的验收。

8.1.9 服务范围

长春一汽四环四维尔汽车零部件有限公司电镀废水处理及回用。

8.1.10 设计标准及排放标准

《电镀污染物排放标准》（GB 2190—2002）表 3 限值标准。

8.1.11 工程运行成本

运行成本为 8 元 /t，其中电费 5.7 元 /t、药剂费 1.5 元 /t、人工费 0.8 元 /t。

8.2 工艺流程

8.2.1 技术原理

通过对电镀废水水质的分析，分类收集、分别处理，结合现有的废水处理工艺，利用膜的选择透过性，对电镀废水进行处理和回用。对重金属废水进行分离浓缩的 NF+ 浓缩 RO+ 脱盐 RO 膜分离系统，在不影响膜系统透过率的同时增加浓水回流，提高了浓缩倍率。创造性地采用了"浓水在线增压回流"技术，通过加大进水流量和提高循环流量来提高膜面冲刷力度，提高膜的抗污染能力；采用"双向进水"技术，提高膜的抗污染能力和使用效率。

8.2.2 工艺流程

重金属废水是指镍漂洗水、铬漂洗水、铜漂洗水等较为单纯的含重金属废水，分为镍系废水、铬系废水、铜系废水等多股单独收集处理，每股的处理工艺相似。

重金属废水（如含镍、含铬废水等）处理工艺流程如图 8-1 所示。

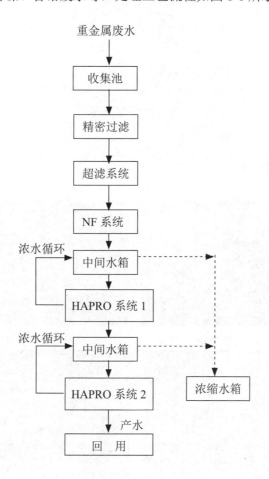

图 8-1 工艺流程

综合废水处理工艺流程如图 8-2 所示。

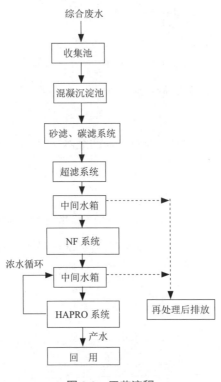

综合废水

↓

收集池

↓

混凝沉淀池

↓

砂滤、碳滤系统

↓

超滤系统

↓

中间水箱 ┈┈┈┈┐

↓　　　　　│

NF 系统　　　│

↓　　　　　│

浓水循环　中间水箱 ┈┈┤

↓　　　　　│

HAPRO 系统　再处理后排放

↓ 产水

回　用

图 8-2　工艺流程

8.2.3　主要设备或设施

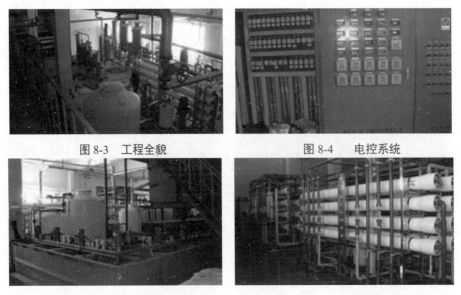

图 8-3　工程全貌　　　　　图 8-4　电控系统

图 8-5　化学法处理系统　　　图 8-6　膜处理系统

8.2.4 特征

68% 的废水经处理后可回用。

8.3 工程参数

8.3.1 主要建构筑物参数

重金属废水处理系统一套：处理量 260t/d，占地面积 1 000m²。综合废水处理系统一套：处理量 120t/d，占地面积 600m²。中控室一间：占地面积 50m²。

8.3.2 主要设备及运行参数

表 8-1 超滤膜

项 目	性能指标
型 号	CCMF-800/10D-20
膜材质	PVDF
膜孔径 / μm	＜ 0.1
过滤方式	内压式
框架材料	SS304
出水浊度 /NTU	0~10
出水悬浮物 / (mg/L)	0~10

表 8-2 复合膜

项 目	性能指标
型 号	HAPRO-1000/10D-30
系统脱盐率	95%
产水量	0.6t/ 支
膜元件（8040）数量	50 支
操作压力	9 ～ 11kg

表 8-3 工艺参数

项 目	工艺参数
处理水量 / (t/d)	380
回收率	70%
超滤形式	柱式
超滤膜孔径	0.01 ～ 0.1um
产水 SDI	≤ 3
反渗透（RO）级数	2 级
收集池数目	7 座

8.3.3 节能减排参数

该项目工程回用水量为 260t/d，回用率为 68%，减少排污费约 10 万元 /a，节约自来水费 20 万元 /a，共节约费用 30 万元 /a。

8.4　运行维护

该项目工程设施运行以来，人员操作、运行记录、设备管理规范，排放水质稳定，设备实施维护维修较易实施，工程整体运行良好。监测结果如表 8-4 所示。本工程运行维护的重点为膜处理系统，包括运行控制、运行参数记录与膜的清洗。

表 8-4　监测结果（2010 年 11 月 17 日）

单位：mg/L

监测项目	进口监测结果 （平均值）	出口监测结果 （平均值）	执行标准	是否达标
COD	85	35	150	是
BOD_5	28	14	30	是
pH 值	7.16	7.05	6～9	是
SS	22	12	150	是
NH_3-N	10.739	1.378	25	是
石油类	0.1L	0.1L	10	是
六价铬	4.941	0.004L	0.1	是
总铬	38.6	0.01L	0.5	是
铜	3.85	0.001L	0.3	是
镍	9.61	0.01L	0.1	是

8.5　工程适用领域和范围

该技术适用于电镀含镍废水、电镀酸铜废水等含游离重金属的废水（处理效果：纯水电导率小于 20μS/cm，浓水 Ni^{2+} 含量达 10g/L，排放水 Ni^{2+} 含量 <0.01mg/L，Cr^{6+} 含量 <0.01mg/L）和低浓度有机废水。不适用于高浓度有机废水，如含柠檬酸等引起高 COD 的有机酸类废水，含钙、硅酸盐等引起膜结垢物质的废水，含油量过高的废水。

8.6　专家点评

该案例以分类收集、分别处理、先处理后回用为设计理念，对电镀废水采用"化学沉淀 +MF+UF+NF+RO 膜分离"处理工艺，实现废水处理回用。技术成熟、效果稳定，满足环保达标要求，被评为 2011 年国家重点环保实用技术。

9 镇江电镀工业园区废水处理工程

9.1 工程概况

9.1.1 工程名称

镇江电镀工业园区废水处理工程。

9.1.2 工程地址

江苏省镇江市。

9.1.3 工程业主

镇江华科生态电镀科技发展有限公司。

9.1.4 工程设计方

广东新大禹环境工程有限公司。

9.1.5 工程施工方

广东新大禹环境工程有限公司。

9.1.6 工程运行方

镇江华科生态电镀科技发展有限公司。

9.1.7 工程规模和投资

一期处理能力 5 000m³/d，总投资 3 700 万元。

9.1.8 运行时间

2009 年 12 月投入运行，实现了长期稳定达标。2010 年 12 月 23 日通过了由江苏省镇江市环保局组织的验收。

9.1.9 服务范围

镇江电镀工业园区电镀企业的生产废水。

9.1.10 设计标准及排放标准

厂区总排放口废水排放执行《污水综合排放标准》（GB 8978—1996）表 4 中一级标准和《电镀污染物排放标准》（GB 21900—2009）表 2 标准的要求。

9.1.11 工程运行成本

运行成本 6.68 元 /m³，其中人工费 0.20 元 /m³、药剂费 5.13 元 /m³、水电费 1.35 元 /m³。

9.2　工艺流程

9.2.1　技术原理

对园区电镀废水进行合理的分质分流并分别进行预处理，采用成熟的物化处理工艺并结合先进的电化学、膜科技，以高效的自控系统、精确的投药控制，保证运行费用合理和高质量出水。

9.2.2　工艺流程

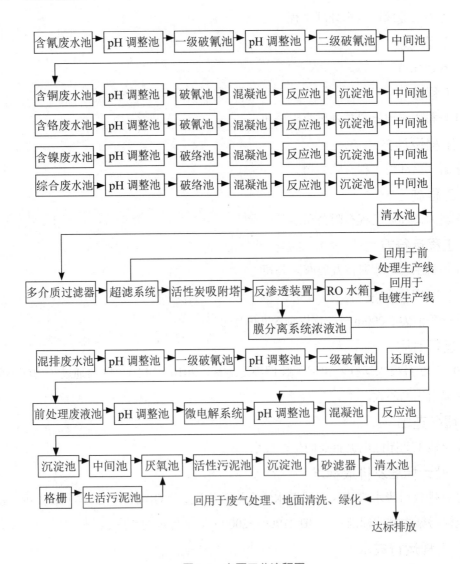

图 9-1　主要工艺流程图

9.2.3 主要设备或设施

图 9-2　废水反应池

图 9-3　回用超滤系统

图 9-4　提升泵组和砂滤系统

图 9-5　中央控制室

9.2.4 特征

废水回用率为 65%。

9.3　工程参数

表 9-1　主要设备

名称	规格型号指标	材质	生产商	性能指标
中间传动刮机	XGG Ⅱ 11	不锈钢	新大禹环保	优质
微电解成套设备		PP	新大禹环保	优质
含氰废水提升泵		不锈钢	连成或川源	优质
含铬废水提升泵		不锈钢	连成或川源	优质
含镍废水提升泵		不锈钢	连成或川源	优质
前处理废水提升泵		不锈钢	连成或川源	优质
含铜废水提升泵		不锈钢	连成或川源	优质
综合废水提升泵		不锈钢	连成或川源	优质
pH 在线控制仪		塑料	德国 Dr.koynder	优质
ORP 在线控制仪		塑料	德国 Dr.koynder	优质
浮球式液位计		塑料	环通机械	优质

名称	规格型号指标	材质	生产商	性能指标
厢式压滤机 (80m²)	XMYJ80/800-UB	碳钢	杭州金龙	优质
鼓风机	Q=13.78m³/min	铸铁	南通恒荣	优质
PLC 自动控制系统		软件	日本三菱	优质
UF 超滤系统		PVDF	膜天膜	优质
RO 反渗透系统		PVDF	美国陶氏	优质

表 9-2　工艺参数

废水种类	远期水量 (m³/d)	一期水量 (m³/d)	污染物浓度 (mg/L)	来 源
含氰废水	1 500	750	pH 值 8~10，COD<60，CN<80	镀底铜、镀金、镀银等氰化镀槽清洗水
含铬废水	2 000	1 000	pH 值 4~6，COD<60，Cr^{6+}<50	镀铬、钝化、化学镀铬、阳极化处理等清洗水
混排废水	800	400	pH 值 8~11，COD<60，CN<50，Cr^{6+}<30	车间混排、地面跑冒滴漏废水等
含镍废水	1 500	750	pH 值 5~6，COD<50，Ni<50	电镀镍、化学镍
含铜废水	1 200	600	pH 值 5~8，COD<60，Cu<100	镀铜清洗水
前处理废液及废气处理后废水	600	300	pH 值 4~12，COD<1 000	前处理工序脱脂除油、化学抛光、电解抛光的换缸液，废气处理后产生的废水
综合废水	2 290	1 145	pH 值 4~6，COD<60，Cu<5	除上述工序外的不含氰、铬、镍的清洗水、前处理漂洗水
生活污水	110	55	pH 值 6~9，COD<300，BOD_5<150，SS<250	卫生间、厨房、盥洗室、澡堂、洗衣等
合计	10 000	5 000		

9.4　运行维护

9.4.1　监测

表 9-3　水质监测结果 一

单位：mg/L

项目	pH 值	COD	SS	氨氮	总磷	动植物油	石油类
总排口 2010.09.25 均值或范围	7.78 ~ 7.83	44	24	0.34	0.16	0.2	0.2
总排口 2010.09.26 均值或范围	7.78 ~ 7.84	36	24	0.13	0.04	0.2	0.3
执行标准	6-9	80	50	15	0.5	10	3.0

表 9-4　水质监测结果二

单位：mg/L

项目	总铜	总锌	总氰化物	总镍	六价铬	总铬	总银
总排口 2010.09.25 均值	0.05L	0.09	0.026	0.05L	0.006	0.03	0.003L
总排口 2010.09.26 均值	0.05L	0.05L	0.026	0.05	0.004	0.03	0.003
执行标准	0.5	1.5	0.3	0.5	0.2	1.0	0.3

在监测期间生产负荷达 75% 以上，废水、噪声污染物达标率为 100%。

9.4.2　运行维护的重点

混凝剂投加量的控制、活性污泥管理、沉淀池的运行管理、污泥脱水机的运行管理等是运行维护的重点。

9.5　工程特色

9.5.1　适用领域和范围

企业或园区电镀废水集中处理及回用。

9.5.2　典型特征

废水分类收集，分类处理，实施在线监控。

9.6　专家点评

采用"化学沉淀 +UF+RO 膜"工艺处理电镀废水，工艺技术先进、实用可靠、减排效果明显，系统运行稳定，自控水平较高，操作方便，工程建设与运行管理规范，适宜于电镀工业园区废水集中式处理。

10 重金属污染场地治理与修复工程

10.1 工程概况

10.1.1 工程名称

重金属污染场地治理与修复工程。

10.1.2 工程地址

辽宁省沈阳市。

10.1.3 工程设计方

沈阳环境科学研究院。

10.1.4 工程施工方

沈阳振兴固体废物处置有限公司。

10.1.5 工程规模和投资

治理面积 26.3 万 m^2，总投资 8 190 万元，治理经费中直接工程费用为 4 171 万元，配套工程经费为 4 019 万元。

10.1.6 运行时间

2006—2008 年投入运行，运行良好。2008 年 11 月 15 日通过了由辽宁省沈阳市环保局组织的验收。

10.1.7 设计标准及排放标准

《危险废物贮存污染控制标准》（GB 18597—2001）；

《一般工业固体废物贮存、处置场污染控制标准》（GB 18599—2001）；

《危险废物安全填埋处置工程建设技术要求》（环发 [2004]75 号）；

《工业企业土壤环境质量风险评价基准》（HJ/T 25—1999）；

《地表水和污水监测技术规范》（HJ/T 91—2002）；

《景观娱乐用水水质标准》（GB 12941—1991）；

《地下水质量标准》（GB/T 14848—1993）；

《地表水环境质量标准》（GB 3838—2002）；

《土壤环境质量标准》（GB 15618—1995）；

《污水综合排放标准》（GB 8978—1996）；

《污水排入城市下水道水质标准》（CJ 3082—1999）。

10.1.8 工程运行成本

平均治理经费为 315 元 /m²。

10.2 工艺流程

10.2.1 技术原理

根据污染土壤中各重金属总量的综合数值和土壤中各重金属浸出浓度的综合数值，确定对污染土壤采用分级、分类方式处理，污染土壤分类指标，根据《危险废物浸出浓度鉴别标准》和《污水综合排放标准》将其合理分类。

对重污染场地的土壤清挖，送危险废物填埋场填埋处置；对中度污染场地土壤采用固化稳定化方式处理，处理后采取防渗措施集中封存于场区地下；对轻度污染场地土壤表面采取稳定、吸附层药剂进行铺设隔离，其上通过硬覆盖、覆新土绿化方式覆盖处理；辅助措施，对给排水、供暖管网进行防渗处理。

10.2.2 工艺流程

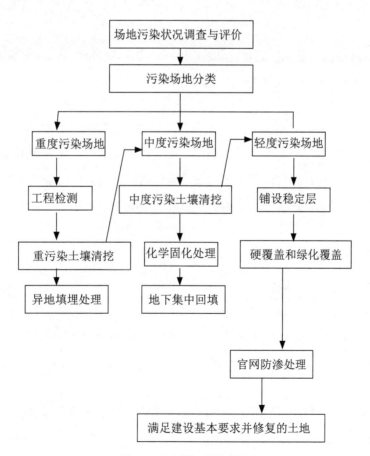

图 10-1　主要工艺流程图

10.2.3　主要设备或设施

图 10-2　原沈阳冶炼厂建筑物拆除后场地

图 10-3　污染土壤清挖

图 10-4　中度污染土壤固化施工现场

图 10-5　稳定层铺设现场

10.2.4　特征

　　污染严重的土壤参照危险废物进行处理，中度污染土壤在厂区内选用高效、低价的药剂固化处理并安全填埋，轻度污染土壤铺设稳定吸附阻隔层阻断污染因子的迁移扩散，对通过污染土壤的给排水、供暖管网、消防管道建设防渗管沟。

10.3　工程参数

10.3.1　主要设备

　　清挖机械：铲车、挖掘机、自卸车等。

　　固化设备由六部分组成：筛分装置、原土进料装置、传送装置、加药装置、搅拌装置、出料装置。分类堆放的污染土壤配以相对应的药剂，通过混料加工设备进行固化稳定化处理。

10.3.2　运行参数

　　对重度污染土壤清挖后异地填埋，满足危险废物安全填埋的规范要求即可。对中度污染土壤进行固化稳定化，使其浸出浓度指标达到《污水综合排放标准》中各污染物相应的限制数值以下。对整个场区治理后的所有裸露土壤，重金属各项指标均低于《土壤环境质量（三级）标准》限值。

10.4　运行监测

在项目执行过程中，对厂区内的土壤、含粉砂及混凝土破碎块堆放、出场提出技术要求，施工单位严格按照技术要求执行。在工程实施过程中设计方规定需对清挖、固化土壤进行过程监测，监测部门在业主单位的授权下进行全过程监测。经全面抽样监测，固化后土壤中重金属浸出浓度明显降低，其数值全部低于《污水综合排放标准》（GB 8978—1996）中对重金属的允许排放指标。

10.5　适用领域和范围

重金属污染土壤异地安全填埋处理技术，适用于污染场地中重金属浸出浓度超过危险废物鉴别标准的重度污染土壤。污染土壤固化处理技术，适用于污染场地中重金属浸出浓度低于危险废物鉴别标准但高于污水综合排放标准对应数值的中度污染土壤。污染土壤稳定化阻隔技术，适用于污染场地重金属浸出浓度低于污水综合排放标准对应数值，且各种重金属含量低于一定超标数值的轻度污染土壤。砂性污染土壤淋洗技术，适用于污染场地中清挖出的砂性污染土壤，其重金属浸出浓度低于危险废物鉴别标准但高于污水综合排放标准对应数值，不适用于南方地区的黏土性土壤。

10.6　专家点评

该案例对污染场地的土壤进行分级、分类，针对不同污染程度的土壤采用不同的处理方法，整体方案设计合理，采用的技术路线可行。该案例已经完成并通过环保验收，具有很好的环境效益和良好的推广应用价值。

11 废旧镍氢及锂离子电池资源化利用工程

11.1 工程概况

11.1.1 工程名称

废旧镍氢及锂离子电池资源化利用工程。

11.1.2 工程地址

湖南省长沙市金洲新区金莎东路 018 号。

11.1.3 建设单位

湖南邦普循环科技有限公司。

11.1.4 工程规模和投资

总投资 1 亿元，占地面积 200 亩（13.3 万 m^2），年处理废锂离子电池、废镍氢电池、电池生产边角料等 3 400t。

11.1.5 运行时间

2009 年 12 月，湖南省环境监测中心站组织验收，建议通过建设项目竣工环境保护验收。

11.1.6 服务范围

实现年处理 3 400t 的废镍氢电池、锂离子电池及边角料。

11.1.7 排放标准

热解炉排放废气执行《工业炉窑大气污染物排放标准》（GB 9078—1996）二级标准；粉尘中的镍及其化合物执行《大气污染物综合排放标准》（GB 16297—1996）二级标准；锅炉排放废气执行《锅炉大气污染物排放标准》（GB 13271—2001）二类区 II 时段标准；废水排放执行《污水综合排放标准》（GB 8978—1996）中表 4 的一级标准和表 1 规定的限值；厂界噪声执行《工业企业厂界噪声标准》（GB 12348—1990）III 类标准；二氧化硫、粉尘、COD、总镍、总铜、总锰的排放总量执行宁乡县环保局《关于湖南邦普循环科技有限公司废旧电池资源化利用工程主要污染物总量控制指标的复函》中总量控制指标要求。

11.1.8 工程运行成本

年运行费用 5 000 万元。

11.2 工艺流程

11.2.1 技术原理

电池外壳分离后进行熔炼，生产镍铁合金，其他部分经过拆解、分类、热解等预处理后得到含镍、钴精料，然后对不同精料采用化学溶解分离出含镍、钴、锰溶液，经化学除杂、萃取除杂、萃取提纯等工艺分离出含镍、含钴或含镍、钴、锰的纯溶液，部分溶液直接浓缩结晶后得到硫酸镍、氯化钴等产品；其他溶液以氢氧化钠和碳酸钠等为沉淀剂生成特定形状的前驱体；再采用高温成形技术，控制合理的热分解或热还原温度，使各种沉淀粉末的粒子在热分解或热还原前后的形貌上保持形状"继承性"或"遗传性"，维持前驱体在高温还原或高温分解过程中的形状不发生实质变化，从而生成特定形状的电池材料，如镍、钴、锰、酸、锂等。

11.2.2 工艺流程

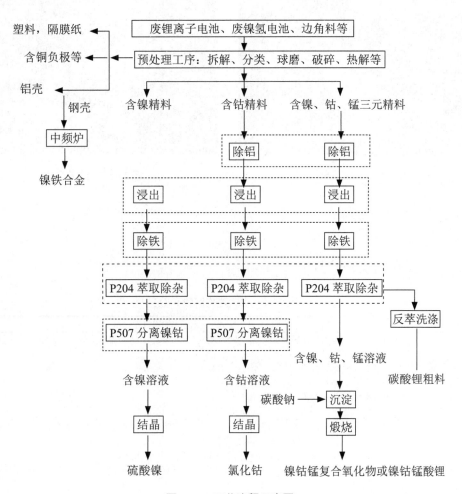

图 11-1 工艺流程示意图

11.2.3　要设备或设施

图 11-2　碱溶车间

图 11-3　萃取车间

图 11-4　酸溶车间

图 11-5　结晶车间

11.3　工程参数

11.3.1　主要建构筑物参数

表 11-1　主要建构筑物参数

建构筑物名称	相关参数
热处理系统（含尾气处理）车间	（1）处理方法包括中低温燃烧气化，1 500℃以上高温裂解，碱液喷淋，旋风、布袋或电收尘等； （2）单套设备处理能力不小于 5 000t/a； （3）有害物质去除率大于 98%； （4）尾气达标排放； （5）处理系统负压运行，车间内无废气排放
分选系统车间	（1）处理方法包括破碎、风选、重选、磁选、分级、收尘设施等； （2）整套设施采用 PLC 自动化控制； （3）整套设施采用自动单套设备处理能力不小于 5 000t/a； （4）铜回收率大于 95%，铝回收率大于 90%，铁回收率大于 90%，活性材料回收率大于 98.5%； （5）车间环境符合清洁生产要求

建构筑物名称	相关参数
废旧电池湿法回收废水重金属处理装置车间	（1）处理方法包括调节混合、加药反应、多级反应、二级沉淀澄清、在线监测、自动在线控制； （2）整套设施采用 PLC 自动化控制； （3）整套设施采用自动单套设备处理能力不小于 800t/a； （4）废水排放符合 GB 8978—1996 要求； （5）回收污泥主要含镍、钴、锰，返回生产车间回用； （6）重金属处理回收效率大于 99%
含氨废水氨回收利用装置车间	（1）处理方法包括废水加药预调配、利用处理后废水进行交换预热、多效蒸馏、回收氨水冷却提浓、处理后废水余热利用；在线监测和自动控制； （2）整套设施采用 PLC 自动在线控制； （3）回收氨水浓度达到 15%，金属杂质均小于 5mg/L，氨回收利用率大于 99%，处理前废水氨含量不超过 20 g/L，处理后废水氨含量小于 15mg/L

11.3.2 主要设备及运行参数

表 11-2 主要设备

序号	设备名称	尺寸	数量	用途
1	电池拆解机		30 台	用于拆解废旧电池
2	热解炉		2 台	对正极材料进行热解
3	蒸发结晶釜	$5m^3$	10 个	结晶工序
4	P204 槽	28.4m×3.25m×1.5m	3 套	萃取除杂
5	P507 槽	24.5m×3.25m×1.5m	2 套	反萃洗涤
6	碱浸罐	$16m^3$	10 个	PVC，溶碱工序
7	酸浸罐	$20m^3$	20 个	钢衬陶瓷，酸溶工序
8	推板窑	$\Phi300×6\,000$，25kW	2 套	加热烧结
9	料液贮槽		80 个	储存料液

11.3.3 节能减排参数

2011 年处理及循环利用废旧电池约 3 400t，按钴含量 10% 计算，年回收钴约 340t，相当于从 15 万 t 原钴矿提取钴的量，可减少二氧化碳排放 1 000t，节约能源相当于 2 万 t 标准煤。消除了勘探、开采、选矿、冶金的全过程对能源的消耗和环境的影响。

11.4 运行维护

11.4.1 验收监测

热解炉出口废气中烟尘排放浓度最大值为 12.98mg/m³，符合《工业炉窑大气污染物排放标准》中标准限值；镍及其化合物排放浓度和排放速率的最大值分别为 1.19mg/m³ 和 0.0058kg/h，符合《大气污染物综合排放标准》表 2 中标准限值；锅炉排气筒出口二氧化硫、氮氧化物、烟尘排放浓度最大值为 16mg/m³、10.8mg/m³、11.67mg/m³、林格曼黑度为 I 级，均符合《锅炉大气污染物排放标准》中标准限值；无组织排放的监测因子氯化氢的厂界监控点浓度最大值分别为 0.105mg/m³，符合《大气污染物综合排放标准》表 2 中标准限值；浸出车间和萃取车间排放口废水中监测因子六价铬、总镉、总镍和总铅的监测日均值均符合《污水综合排放标准》中标准限值；废水处理站和生活废水总排放口废水中监测因子 pH 值、COD、悬浮物、石油类、氨氮、六价铬、总镉、总锌、镍、铅、铜、总锰和总钴的监测日均值均符合《污水综合排放标准》中标准限值。

11.4.2 运行维护的重点

（1）热解炉：主要是对正极材料进行热解，破坏黏结剂有利于球磨的破碎，由于是无氧热解，排放的污染物主要为重金属烟尘，在烟气口处设有布袋除尘器进行除尘，因此需要时刻对热解炉的运行情况进行监控，以确保重金属烟尘排放达标。

（2）碱溶工序：主要负责生产过程中的除铁、除铝步骤，主要溶剂为氢氧化钠，通过沉淀反应去除正极边角料中所含的铁、铝等成分。为了保证完全去除正极边角料所含的铁、铝等成分，需要间断性地调整碱的浓度。

（3）酸溶车间：主要是负责将正极材料浸出，形成含镍、钴等重金属的溶液，需要经常调配溶液中的酸度及双氧水浓度。

（4）萃取车间：主要负责工艺流程中的萃取除杂和分离镍、钴步骤，所用的萃取剂为 P204（2- 乙基己基磷酸），分离剂为 P507（2- 乙基己基磷酸单 2- 乙基己基酯）。萃取剂可以回收循环利用，在回用的时候需根据萃取溶液中的含量适量添加。

（5）结晶车间：负责结晶、沉淀等工艺，属最终阶段。该车间的主要设备包括蒸发结晶釜沉淀反应槽及推板窑，此过程属于重点维护阶段，需要控制好反应温度、搅拌速度、氨水加入量等参数，对反应过程进行在线监测，实时维护。

11.5 工程适用领域和范围

适用于废旧镍氢电池、废旧锂离子电池的回收处理，不适用于铅酸蓄电池的回收处理。

11.6 专家点评

本项目采用拆解—热处理—湿法冶金工艺对废旧电池进行回收利用，符合国家产业政策和环境保护政策，总体技术路线合理可行，可解决因废旧锂电池及镍氢电池造成的环境污染问题。

12 一汽吉林汽车有限公司水质重金属在线自动监测

12.1 工程概况

12.1.1 工程名称

一汽吉林汽车有限公司水质重金属在线自动监测。

12.1.2 工程地址

吉林省吉林市高新区恒山东路。

12.1.3 工程业主

一汽吉林汽车有限公司。

12.1.4 设备提供方

青岛佳明测控科技股份有限公司。

12.1.5 项目运行方

青岛佳明测控科技股份有限公司。

12.1.6 工程规模和投资

重金属镍水质在线自动监测仪投资 13.8 万元，污水处理站设计量 3 600m³/d，总投资 1 491 万元。

12.1.7 运行时间

2011 年 9 月投入运行，2011 年 11 月 30 日通过了吉林市环境监测站的验收。

12.1.8 服务范围

一汽吉林汽车有限公司废水排放镍含量监测。

12.1.9 工程运行成本

2012 年本台重金属镍水质在线自动监测仪的运行成本为 17 660 元，其中试剂费 12 960 元、配件费 1 100 元、人工费 3 600 元。

12.2 工艺流程

12.2.1 技术原理

水样经过消解后，在相应的环境溶液中选取合适的显色液反应生成有颜色的络合物，在特定波长下检测其吸光度，吸光度值在一定浓度范围内满足朗伯－比尔定律。测量吸光度就可以推断出样品中相应的重金属离子浓度。

12.2.2　工艺流程

（1）采样：利用自吸泵将待测水样吸入缓冲池，经沉淀、过滤后，由蠕动泵注入反应皿。

（2）添加辅助药剂：根据检测的重金属种类不同，需要添加不同的辅助药剂，包括氧化剂、催化剂、掩蔽剂等。

（3）添加显色剂：根据检测的重金属种类不同，添加合适的显色剂，从而形成有色络合物离子。

（4）比色：根据形成的络合物离子颜色，采用合适波长的光线照射反应皿。用光探测器接收透过反应皿的光线，计算反应溶液的吸光度，根据朗伯—比尔定律计算重金属的含量。

（5）排废液：检测完毕，将废液排出反应皿并清洗。

12.2.3　主要设备或设施

图 12-1　水质在线自动监测站房

图 12-2　在线监测分析仪

图 12-3　在线自动监测仪取水位置

图 12-4　比对试验采样点位

12.2.4　特征

国家标准规定的测量方法的自动化装置与手动分析有很好的相关性，测量范围宽 0~5 mg/L，并可根据水样实际情况自动进行量程切换。

12.3 主要设备参数

表 12-1 主要设备参数一览表

检测项目	镍	
方法	分光光度法（国标 GB 11910—1989）	
检测范围	0.0~5.0mg/L，可选择不同量程或设置自动调整量程	
单次测量时间	0.0~1.5mg/L	1.5~5.0mg/L
	≤ 15min	≤ 25min
零点漂移	±0.005mg/L	
量程漂移	≤ ±1.5%	
直线性	≤ ±8%	
测量标准偏差	≤ ±1.5%	
重复性误差	≤ ±3%	
最低检出限	0.01 mg/L	
实际水样对比试验	≤ 5% FS	
控制单元	LPC2294	
显示单元	液晶显示屏	
样品注入方式	蠕动泵注入	
打印机	24 字符面板式打印机，打印镍测量值、测量时间	
通讯接口	RS232、4~20mA	
电源	额定电压 AC220V±10%，频率 50% ±1% Hz	
MTBF	≥ 720h/ 次	
环境温度	10 ~ 40℃	
环境湿度	65% ±20% RH	
外形尺寸	600mm×450mm×1 440mm	
仪器重量	50kg	

12.4 运行监测

12.4.1 运行维护的重点

（1）根据试剂的实际消耗量定期更换试剂。

（2）废液液位过高时及时处理废液。

（3）定期对仪器管路进行清洗和仪器标定。

12.4.2 监测

镍水质在线自动监测与实际水样比对试验结果见表 12-2。

表 12-2 镍水质在线自动监测与实际水样比对试验结果表

样品编号	采样时间	标准方法测定值 Bn	在线监测仪测定值 Xn	相对误差绝对值 /%
1	9:00	0.36	0.305 3	15.2
2	9:15	0.39	0.380 1	2.5
3	9:30	0.33	0.307 5	6.8
4	9:45	0.37	0.334 9	9.5
5	10:00	0.36	0.321 5	10.7
6	10:15	0.37	0.3487	5.8

相对误差绝对值平均值			8.4
实验室 标准样品	质控样名称	标准值	测定值	相对误差 /%

实验室 标准样品	质控样名称	标准值	测定值	相对误差 /%
	镍 201509	1.63±0.08	1.64	0.6
在线自动监测仪性能验收指标		相对误差绝对值平均值≤ 15%		
实际水样比对试验结果		合格		
质控样准确度指标		相对误差≤ ±10%		
质控样测试结果		合格		

12.5　适用领域和范围

适用于矿企业排污口监测、城市污水处理工厂进出口监测、江河湖泊水质监测和污水治理设施过程控制之中，监测范围为 0~5mg/L。

12.6　专家点评

该案例所用重金属在线自动监测仪，采用光学法实现对污染企业排放污水中重金属的检测，具有技术先进、符合相关技术政策和规范的要求、性能稳定、运行成本低等优势，且技术成熟，可实现规模生产，已在采矿、冶炼、皮革及其制品、化学原料及其制品、蓄电池、工业废水处理等多个行业安装并成功运营。该项目应用效果明显，运行良好，取得了良好的经济效益和环境效益。

13 紫金矿业重金属水质在线监测系统

13.1 工程概况

13.1.1 工程名称

紫金矿业重金属水质在线监测系统。

13.1.2 工程地址

福建省龙岩市上杭县紫金矿业。

13.1.3 工程业主

紫金矿业。

13.1.4 工程设计方

力合科技（湖南）股份有限公司。

13.1.5 工程施工方

力合科技（湖南）股份有限公司。

13.1.6 工程运行方

力合科技（湖南）股份有限公司。

13.1.7 工程规模和投资

工程投资 1 500 万元。

13.1.8 运行时间

2010 年 7 月安装，2010 年 12 月开始正常运行。

13.1.9 工程运行成本

每年运行费用约为 150 万元，其中管理费约 75 万元、仪器维护费约 30 万元、试剂消耗费约 30 万元、其他费用 15 万元。

13.2 工艺流程

13.2.1 技术原理

工程所用水质重金属在线监测系统技术是一套以重金属在线自动分析仪器为核心，运用现代光电传感器技术、自动测量技术、自动控制技术、计算机应用技术以及相关的专用分析软件和通信网络所组成的一个综合性的水质在线自动监测系统。该系统主要由水样采集与预处理控制子系模块、水质监测分析模块以及数据采集模块、信息传输和数据处理模块组成。

13.2.2 工艺流程

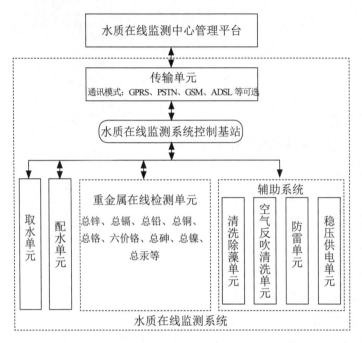

图 13-1 主要工艺流程图

13.2.3 主要设备或设施

图 13-2 主要设备和设施

13.3　主要设备参数

表 13-1　主要参数一览表

监测指标	检测方法	检出限	测试范围	测试周期
总锌	电化学阳极溶出法	0.001mg/L	0~10mg/L	<30min
总镉	电化学阳极溶出法	0.000 1mg/L	0~10mg/L	<30min
总铅	电化学阳极溶出法	0.000 1mg/L	0~10mg/L	<30min
总铜	电化学阳极溶出法	0.000 5mg/L	0~10mg/L	<30min
总铬	二苯碳酰二肼分光光度法	0.01mg/L	0~50mg/L	<30min
六价铬	二苯碳酰二肼分光光度法	0.005mg/L	0~50mg/L	<25min
总砷	新银盐分光光度法	0.01mg/L	0~50mg/L	<30min
总氰	异烟酸 - 巴比妥酸分光光度法	0.005mg/L	0~5mg/L	<40min
总镍	丁二酮肟分光光度法	0.01mg/L	0~100mg/L	<30min
总汞	冷原子吸收分光光度法	0.000 05mg/L	0~1mg/L	<30min

13.4　运行监测

13.4.1　运行维护重点

（1）严格执行周期性巡查制度，进行定期比对与校核。

（2）及时处理系统的故障报警情况。

（3）针对高浊度样品单独设计预处理装置，有效解决高浊度高悬浮物的干扰问题。

13.4.2　监测

该系统构建了紫金矿业重金属排放自动监控预警系统，选取了 13 个排放口和汀江 2 个水质监测断面作为自动监控点，实现了污染超标排放和突发性污染事件的及时报警。该重金属水质自动监测系统构建完善的数据质量控制与保证体系，具备详细的过程记录、标准样品核查等多种质控措施，确保了监测数据可溯源、有据可依；水质自动监测系统进行智能化设计，监测部门可实现对现场端设备的远程监控，并能充分发挥系统在环境应急监测中的作用。

重金属在线监测仪器及系统进行通用化、模块化、小型化、集成化设计，仪器运行良好，数据上报正常。各监测参数检出限均满足现场需求，监测分析结果与实验室分析吻合度高，稳定性达到 ±10%，最短测试周期为 15min，配备了先进的预处理装置，可以满足多种复杂水样监测分析的需要。

表 13-2   10 在线仪器测试结果统计表

比对试验			标样分析		
监测指标	偏差范围	要求	监测指标	偏差范围	要求
pH 值	-0.17~0.24	±0.5	pH 值	-0.08 ～ 0.04	±0.5
总铜	-11.7% ～ 13.8%	±15%	总铜	-7.5% ～ 9.0%	±10%
总锌	-15.0% ～ 13.9%	±15%	总锌	-9.0% ～ 6.0%	±10%
			总镉	-10.0% ～ 9.3%	±10%
			总砷	-10.0% ～ 5.2%	±10%
			总氰化物	-6.3% ～ 7.1%	±10%

13.5   适用领域和范围

地表水、饮用水、生活污水、工业用水、工业废水等水质重金属在线监控。

13.6   专家点评

该系统建设选点科学合理、符合重金属污染源水质在线监控要求，系统集成了当前国内先进的重金属水质在线监控技术，工程质量优良，运行稳定，对加快重金属污染防治技术示范、应用和推广具有重要意义。